犬なんで。

柴犬ハナちゃんがつぶやく
人が学ぶべき現代犬の心理

Shi-Ba【シーバ】編集部・編

はじめに

この本の写真のモデルさんは、柴犬のハナちゃんと言います。初めて見た方には「なんて、表情豊かな柴犬!」と、そしてハナちゃんのツイッターをご覧になったファンの方には「やっぱり、かわいい!」と思ってもらえるように、とっておきの写真を選んで一冊のフォトブックにしました。

かわいいだけでもよかったんですけど、そこは日本犬専門誌Shi-Ba【シーバ】。ハナちゃんのありのままの姿を、目を細めながら見るうちに、柴犬の知識が身につく本ができたらいいな〜、と考えました。そこで編集部が創刊から17年をかけて取材をした、柴犬と暮らす上で本当にためになるお話をピクニックのお弁当みたいに、ギュウギュウ詰め込んでみました。

もちろん、柴だって十匹十色。この本で紹介した「柴犬独特の気質」が当てはまらないコもいます。そこらへんは「こういう気質もあるんだな」と思いながら頭の片隅に入れておいてください。よその柴犬と触れ合う時の手助けになるかも。

そんなわけで、本書が柴犬の飼い主さんや、これから柴犬と暮らしたい、と思うみなさんの「柴犬暮らし」に少しでもお役に立てたら幸いです。

CONTENTS

3章

犬なんで。

そんなことして、おいしいの？ 楽しいの？

4章 一日でも楽しく長生きするためにして欲しいこと

犬なんで。

※本書で掲載している写真はイメージです。

1 章

犬なんで。

これだけは、ゆずれません!!

なんだか頑固オヤジに似てるって？
いえいえ、一本筋が通っていると
評価して欲しいものですね。
日本犬なのでキッパリ NO と言えますよ。

01

犬なんで、

散歩は必要不可欠なんです

家の中でトイレができて、たっぷり遊んでいれば、犬を散歩に連れて行かなくてもいいのでは？と考えるのは大間違い。散歩は犬が健康に、そして健全に生きていくために欠かせないものです。

外に出て太陽の光を浴びることで、体の成長や代謝に必要なエネルギーを体内に取り込むことができます。散歩中に土や草などの匂いを嗅ぐことは、人間よりも圧倒的に嗅覚が優れた犬の脳を活性化させる効果があります。そして、散歩中に出会う車や自転車、よその人、犬、公園のブランコや滑り台、店の前に置かれた看板や風に揺れる旗など、さまざまなものに出会い慣れていくことは、犬が人間社会で暮らす上で、とても大切な経験になっていくのです。

本来、犬には朝と夕方の時間帯に活動的になる「薄明薄暮性」という習性があり、この時間帯にハウスの中などに閉じ込めて、犬が活動できない状態にしておくと、大きなストレスがかかるとも言われています。

朝と夜、犬にも飼い主にも負担がかからない散歩をおこなって、健やかな犬に育てましょう。

毎日、お散歩、ありがとね♪

02

犬なんで✧

見張り番は得意です

かつては番犬として活躍していた柴犬。昭和40年代頃まで、他者に対して警戒したり吠える犬が好まれる傾向にありました。しかし、犬が家族の一員として室内で暮らすようになると人懐っこいタイプが好まれるように。

とはいえ、自分の居住スペースに対するこだわりや警戒心は、他の犬種に比べるとやや強いと言えます。家の中から外を見ていた犬が突然吠えるので何事かと思えば、風で飛んできたビニール袋が庭に落ちただけだったということもありますが、これも警戒心のなせる業。また、来客時に吠える犬の場合、飼い主が来客と話しているのを見て「この人は大丈夫だ」と安心して吠え止むことが多いのも柴犬によく見られる特徴です。

吠える時には必ず理由があると考え、吠える原因を犬の気持ちになって考えてみましょう。

なお、外飼いの場合は、ガスや水道のメーターを調べに来る人や通行人に警戒して吠えることもあります。人通りが多い外で犬を飼う場合は、人の姿が見えないように柵で目隠しをするなど、犬が安心して過ごせるような居住空間を作ってあげてくださいね。

＼首、抜けなくないっすか？／

みなさん、ごきげんよう

03

犬なんで

水は正直、苦手です

本来、野生動物は水に濡れると体温が奪われて体力を消耗するため、雨の日は雨宿りをするなど、水を避けて暮らしてきました。柴犬は現代に生きる犬の中でも、野生的な部分を多く残しており、水を嫌う犬が多いのも事実。まれに海や川に自ら入って水遊びを楽しんだり、泳ぐ犬もいますが、海や川の水は雑菌を含みますので、水遊びを楽しんだ後は必ず水道水やお湯でしっかり犬の体を洗い、乾かすことが大切です。

さて、水のトラブルで多いのが外でしか排泄をしない犬が雨の日の散歩に行きたがらず、膀胱炎や便秘になること。日頃から室内やベランダ、庭などの近場でできるように練習しておきましょう。

また、自宅でシャンプーをする際、イヤがった犬に飼い主が噛まれ、犬との関係性が悪くなることもあります。自宅でのシャンプーが難しい時は無理をせず、トリミングサロンに頼んだり、毎日ブラシをかけて濡れたタオルで拭くなど、体についた汚れを丁寧に落としましょう。

さらには、柴犬は、毛が密に生えているので、水に濡れた後に乾きにくく、乾かなかった部分が蒸れて皮膚炎を起こすこともあります。自宅でのシャンプー後や雨の日の散歩後は、タオルやドライヤーなどを使って毛の根元までしっかり乾かすようにしましょう。

04

犬なんで、

あいさつは、きちんとな

犬のあいさつは、匂いが比較的強い顔とお尻で主に行われます。まずは鼻の匂いを嗅ぎ合い、次にお尻の匂いを嗅ぎ合います。

親やきょうだい犬と生後8週間以上を共に暮らしたり、子犬の頃にパピークラスなどで犬同士のコミュニケーションを学んで社会性を身につけている場合は、相手がイヤがっているか、気を許しているかといったサインを読み取るので、あいさつの時に大きなトラブルになることは少ないもの。

ただ、とてもフレンドリーでいきなり至近距離から匂いを嗅いでくる犬や、嬉しくて突進してくる犬が柴犬は苦手。イヤがったり怒って犬同士のトラブルになることも考えられます。犬があいさつをする時には、飼い主さんは犬から目を離さないようにして十分な注意を払ってくださいね。

犬のお尻にある「肛門腺」という臭腺から出る分泌物。この匂いを嗅ぎ合うことで、犬は自己紹介をしたりあいさつをしているのです。

05

犬なんで、

イヤイヤには理由があるんです

散歩中に犬が踏ん張って動かなくなると、つい苦笑してしまいますね。こんな時にリードを強く引くのは逆効果。リードをゆるめ、少し待ったり、お尻の方にリードを引くと、気分が変わって歩き出したりするものです。

もっとその場所の匂いを嗅ぎたい、向こうから苦手な犬が来た、前に怖い思いをしたからこっちの道は行きたくない、公園で子供がボール遊びをしている声やボールの音が怖いなど、散歩中のイヤイヤの理由はたくさんあります。

最初にもお話ししましたが、散歩は犬にとって大きな楽しみでもあります。犬を危険な目にあわせず、よその人に迷惑をかけない範囲で、犬が行きたい場所に付き合い、叱らずにのんびり散歩をしてくれる飼い主さんのことは、犬も大好きになるはず。

おなかがすいて
歩けな〜い！

「あっちに行ってはダメ」とリードを強く引いたり、イヤイヤの時に何度も犬と引っ張りっこをしてしまうと、首輪が抜けて脱走したり、気管を圧迫する可能性もあります。首に負担がかかるのが心配な場合は、ハーネスに変えてみてもいいでしょう。

ところで、散歩が楽しくて、家に帰りたくない「イヤイヤさん」対策ですが、これはやっぱりゴハンで誘導するしかない!?

イヤイヤ

イヤ〜

イヤイヤ

06

犬なんで

体を触られると
イヤな時があるんです

足も敏感スポット

足拭き、ブラッシングなど、お手入れ時にイヤがる柴犬の話をよく聞きます。犬は足先を触られることがもともと苦手ですが、柴犬は特に体を触られると敏感に反応するタイプが多いのです。また、抜け毛も多く、飼い主さんが念入りにブラッシングをしがち、といったことも理由と考えられます。

そして、抱っこをイヤがる柴犬もいます。診察台の上に乗せる時、留守番でサークルの中に入れる時、逃げ回る愛犬を抱っこして捕まえた時、苦手なシャンプーをする際に抱っこをしてお風呂場へ連れて行くなど、実は犬にとって「イヤなことがある時」に限って抱っこをよくしていること、ありませんか?

でも、飼い主さんたちはさまざまなアイデアでそれを乗り切っています。例えば、足を拭くのをイヤがる場合、濡れたタオルの上を歩くところからスタート。それと同時にオヤツを使ってオテの練習をしながら、足に触ることに徐々に慣らしていったり。ブラッシングの時は一人がオヤツ係となり、もう一人がオヤツに夢中になっている犬にブラシをかけるといった具合です。犬のイヤがる度合い、各家庭の環境によっても、対処法はさまざまですが、「犬を叱らない、無理におこなわない、気長に徐々に慣らす」ことが、犬との関係を良好に保つコツなんです。

すやすや寝ている愛犬を見ているうちに、ついかわいくて頭を撫でたら怒られた、なんてことも。飼い主としては親愛の情を示したつもりでも、犬にとっては「寝ているのを邪魔された、イヤだな」と感じることもあるようです。

また、寝ている愛犬をまたいだら怒られたという例もある一方、自分から飼い主の布団に入って一緒に寝る犬もいたり。柴犬って気まぐれ!? と思うかもしれません。

自分のクレートやハウスの中で眠るコもいれば、下駄箱、ソファやベッドの下、廊下の真ん中、トイレの前や洗面所、誰もいない2階の寝室など、お気に入りの寝場所は犬それぞれ。次のコーナーでも触れますが、柴犬は他者との間

07

犬なんで、寝る時は、そっとしといてくださいね

に独特の距離を置く傾向があり、家族がリビングでテレビを見ている際、誰もいない静かな場所で寝るなど、自分の時間や空間を大切にする犬種でもあるのです。

ハウスなどの決まった場所で安心して眠れることが理想的ではありますが、飼い主の目が届く時間帯では、好きな寝場所に犬が移動できるようにしておいてあげるのもいいでしょう。

寝場所を設置する際は、人通りが少なく静かで快適な温度を保てる場所を選びます。小さいお子さんがいて、犬のペースで寝ることが難しいなら、別室でゆっくり寝られる時間を作るなどして、犬が落ち着いて眠れる空間と時間を確保してあげるといいですね。

08

犬なんで、
人との〝柴距離〟があるんです

〝柴距離〟という言葉、学術用語ではありませんが、柴犬が他者との間に設ける独特の距離感のこと。簡単に言うとパーソナルスペースのようなものでしょうか。

一般的にスキンシップが多い欧米人に比べ、日本人は他人との距離が近いと緊張してしまうことがあります。実は柴犬も日本人の気質に似ている部分があるようで、自分からお尻が触れるほどの距離で飼い主の近くにいるのはいいけれど、ベタベタ触られるのが苦手だったり、じっと見られると顔を背けたり。柴犬と付き合う上で、この距離感を尊重することが、穏やかに暮らす鍵になることも。

とはいえ、最近ではスキンシップ全然平気！　という〝柴距離〟が近いコも増えています。愛犬の〝柴距離〟を日々の暮らしの中で観察してみるのも面白いですね。

＼ 影は寄り添ってるね ／

＼ 少し触れてるのがいいの ／

／ これは、かなり近いほうだよね ＼

／ 柴の集合写真って、微妙な距離感 ＼

09 犬なんで、犬との〝柴距離〟保ちます

犬同士の〝柴距離〟をよく表しているのが右上の写真。いつも一緒に散歩をしたり、遊ぶ仲。それなのに、写真を撮るために並べば、お互いの間隔は1〜2匹分以上離れ、カメラに目線を向けるコもいれば、「早く終わらないかな」とよそ見するコがいたり。犬間での〝柴距離〟がよくわかります。

また、「フレンチ・ブルドッグなどの鼻が低いワンコと仲良くできません」という話もよく聞きます。これは犬同士のあいさつで相手の匂いを嗅ぐ際、鼻が低い犬は顔が近づきすぎたり、高いテンションで「遊ぼっ！」と突進してくるため。パーソナルスペースが広い柴犬は驚いてしまうんです。

たくさんの犬が集まる所に出かける機会が多い場合は、愛犬の犬同士の〝柴距離〟もつかんでおきたいものですね。

10

犬なんで、

マイルール、いろいろ決めてます

知らない人から
もらうオヤツ
迷うな～

この端っこに
座るのがいいの

柴犬と一緒に暮らしていると、「几帳面だな～」と感じることが多々あります。

配達で通る豆腐屋さんのラッパの音を聞くために、その時間は必ず窓辺で待機。散歩の時に橋の上から水鳥を見るのが日課。よく観察すると、彼らの日常生活は自分なりに決めたルールがいっぱい。

中でも柴らしいのは、食べ物とお手入れに関するルール。

知らない人からもらったオヤツを食べない、もしくは一度口に入れても、すぐに吐き出す犬が多いのも柴ならでは。初めて食べるオヤツを警戒する犬もいます。

また、お手入れ時に自分なりのルールを決めている犬も。ブラッシングをする場所の順番や担当者が変わったり、ブラシを当てる時間が長引くと機嫌が悪くなる、などです。実はこれ、飼い主さんが毎日しっかりとお世話をしている証。普段の状態が心地よいので、そこから外れると「今日はなんかいつもと違う」と犬が違和感を覚える、ということもあるよう。

柴犬のルール好き、実はきちんとお世話をしてくれる飼い主さんと似たところがあるのかも。

雨の日の
お散歩
イヤ～

11
犬なんで、
トイレは外派アメニモマケズ

子犬の頃は室内で排泄したのに、成長したら外でしか排泄をしなくなる柴犬、とても多いんです。

犬によって理由は異なりますが「外で排泄する方が気分が良かった」「自分の生活スペースを排泄物で汚したくない」など、柴なりのこだわりがあるのです。だから、飼い主さんはどんなに天気が悪くても散歩に行くことに。だって、大事な愛犬が便秘や膀胱炎になったら大変です。ところが、柴犬は水が苦手。排泄はしたいけど雨の日の散歩はイヤ、カッパを着るのも大嫌い、となると悪天候時の散歩はお互いのストレスに。

そうならないために、成長しても室内トイレができたらオヤツをあげてほめ、「室内で排泄するといいことがある」と印象付けたり、庭やベランダで排泄ができるように教えるのもオススメ。老犬になって足腰が弱くなり外に出られなくなった時、犬が感じるストレスを減らすことができますから。

＼ 気分爽快! ／

かじるの
大好き～♡

犬がかんだり、かじるのはごく自然な行為。この欲求が満たされないと、人への甘噛みに発展する可能性も出てきます。ここでは、柴犬の欲求を満たすオモチャや遊び方についてお話ししましょう。

まずはオモチャの選び方。ある程度硬いオモチャを与えても大丈夫ですが、硬すぎると歯が欠けたり歯並びに影響することも。30センチ以上の高さから落として、ごつんと音がする「かなり硬い」オモチャは外すようにしましょう。

一匹で遊ぶ時は、かんでもすぐに壊れず破片が出ない、ガムや知育玩具など安全なものを選びます。綿入りのものや、ボタンなどが付いていると、飲み込むことがあるので危険です。飼い主と遊ぶのなら、引っ張りっこができるロープなどがオススメ。柴犬は飽きっぽいので、オモチャを数種類用意したり、犬が飽きる前に遊びをやめ、オモチャを出しっぱなしにせず、しまうことも忘れずに。

また、オモチャよりも飼い主の匂いが染み込んだ靴やカバン、中には歯ごたえがある携帯電話をかじるのが好きな犬も。かまれて困るものは、彼らの口が届かない場所にしまうのが賢明ですね。

12

犬なんで、

かむ&かじるは大事な遊び

嗚呼、愛しのダンボール

柴犬ってなんでこんなにダンボールが似合うの？ なんて
難しく考えず、まずは君も入ってみないかっ？

COLUMN
ハナちゃんの秘密
その①

やっぱ、
落ち着くわぁ♡

この向きじゃ
ないわね

今日は
こんなとこかしらね

よっこらせっと

I LOVE ダンボール

Q ダンボールに入るようになったのは、何才くらいから？

A ２才くらいから。天気の良い昼間、リードをつけて外で過ごすようになってから。

Q ダンボールの好みはあるの？

A りんごの箱。大きさも高さもちょうどよく、湿気も吸い取るので。

Q ダンボールの入手先は？

A スーパーで買い物をした時に、買ったものを入れて持って帰ってきます。

Q ダンボールは常に何個くらいのストックがあるの？

A だいたい３個くらいです。

イヤイヤでおなじみのハナちゃんですが、シブいダンボールに入る姿も人気♪ 今回は特別に、ダンボールに入るまでの貴重な様子をスクープしましたーっ！ って、本犬はいたって普通!? いえいえ、いつものりんごのダンボールですが、入る時には入念に匂いをチェック。ゆっくりと前足を入れ、ひと回り。全身が入ったところで、そして今日はどの向きに顔を置こうか考えて、どっこいしょ。まるで、人がお風呂に入る時におこなう段取りみたいで面白いですね。

フハァァァ〜。
ひと眠りしよっと！
フンフンフン
今日も
いい感じ♪

箱入りは"柴距離"が少し近くなるのかしらね？

行きは歩いて、帰りは
楽するのが基本です。

ホームセンター内は
カート見物が一番。

ダンボール以外も
けっこう好き♡

箱入り娘写真館

こうやって見てみると「箱入り柴」ってけっこうおトクなのかも。疲れたら箱の中に入って飼い主さんに運んでもらったり。移動する時は底が抜けない頑丈なものを選んであげてくださいね～。

二重の防寒対策で、ちっとも
寒くなさそうね。

早野凡平に似てる？
＼　誰？ それ　／

すごく
大きいサイズが
出たんだってね

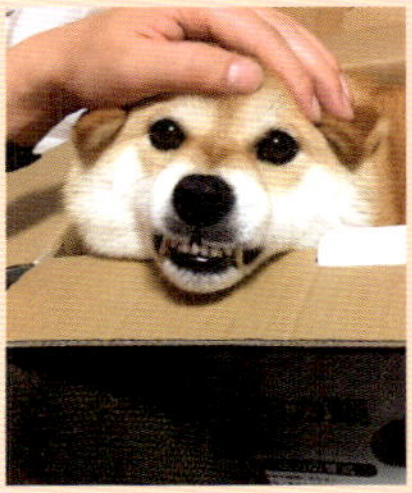

怒れる時、病める時、
箱は常にハナちゃん
とともに～。

暑い日に箱に入って
アゴを乗せるとこう
なります。でも、そ
のうち寝ちゃうの。

2章

案外デリケートですが、なにか？

立っている姿は、力強くて、凜々しくて。
弱音なんか吐かないように見えるけど、
じつはガラスのハートの持ち主だって
噂もあるとか、ないとか……。

13

犬なんで、

シッポを振る＝喜びとは限りません

フサフサとして巻きながらピンと立っているシッポは柴犬のシンボルでもあります。

ゆるやかに巻いた巻き尾、巻き方が強く渦巻き状になっている二重の巻き尾、腰の真上で強く巻き込み太鼓のような形をした巻き尾、また力強く前方を向いて差しているような形の差し尾、日本刀のように天を向いて指しているように見える差し尾、巻き尾と差し尾の中間の半差し尾などがあり、実にバラエティ豊か。

さて、犬は喜んでいる時にシッポを振ると思われがちですが、喜び以外にも、期待、緊張、親愛の情を示す、様子伺い、遊びへの誘い、警戒、警告をする時などにもシッポを振ることがあります。「シッポを振っているので喜んでいると思い、近づいたらかまれた」という話もよく聞きます。

また、シッポが下がっている時は、集中、相手に自分の謙虚さを伝えたい、ストレスや恐怖を感じている、警戒、リラックスといった感情が隠れているのかも。ちなみに、シニア犬のシッポが下がり気味なのは、加齢でシッポの筋肉が衰えてきたことによります。

シッポから読み取れる感情もこれだけあるので、体の一部だけを見て読み取るのではなく、その場の状況、全身に漂う緊張感、口の開け方、姿勢、耳の向き、目付き、息使い、などを総合的に見て、犬の気持ちを判断するのが賢明です。

ところで、柴犬は自分のシッポを追いかけてくるくる回ったり、シッポをかじる犬が他の犬種よりも多いことで知られています。これは「尾追い行動」と言われ、遊ぶ程度ですぐにやめるのであれば問題ありません。しかし、シッポが傷つくほど執拗にかんだり、かじる場合は犬が強いストレスを抱えている可能性がありますので、行動治療の専門家による診療を受けるようにしましょう。

14

犬なんで、

場所や物を守る気質があります

群れで暮らしていた犬の祖先は、他者から自分たちの大切な場所や物を守る必要がありました。柴犬は犬の祖先の遺伝子を強く受け継いでいると言われています。

何かのきっかけでスイッチが入り、場所では自分のハウスやお気に入りのソファ、物ではガムやオモチャ、たまたま飼い主が床に落としたヘアゴムやボールペン（なぜ、そんな物を？と思うかもしれませんが）を、「自分の所有物だ！」と主張し、うなる、かむなどの攻撃をする可能性があることは、認識しておきましょう。

このような時に叱ると、さらに攻撃が悪化する可能性も。日頃からオヤツを使い、ソファやベッドを守るなら「ドイテ」を。ハウスを守るなら「出なさい」を。また物を守るなら「チョウダイ」「ダシテ」を教え、守らせない習慣をつけることが大切です。

教える時は絶対に犬をだまさないで。オヤツを見せただけであげなかったりすると「また、だましたね。もう言うことは聞かないよ」と警戒し、今までよりも余計守る行動が激しくなることも。やはり、信頼関係は大事なのです。

このボールは
渡せないわね

15

犬なんで、猟犬の名残があるので自分で判断したいです

現代でも猟犬として
活躍している柴犬、
けっこういるんだよ

散歩の時に見かけたハトをすごい勢いで走って追いかける、ぬいぐるみのオモチャをくわえてブンブン振り回す、時折見せるなにげない行動を見ていると「柴犬って猟犬だったんだな〜」としみじみ思ってしまいます。

猟犬を大きく分けると2種類。鳥猟犬と獣猟犬タイプがいます。そして、狩りの内容によっても猟犬に求められることは異なりました。例えばプードルはハンターが撃ち落としたカモを川や池から回収してくるために、獲物をくわえたり、泳ぐのが得意。ダックスフンドは細長い体を生かして、狭い穴に逃げ込んだウサギやイタチを追い詰めて大活躍。

我らが柴犬はと言うと、鳥や小型の動物の狩猟をする際に使われていたと言われています。日本犬の中では小型なので、クマやシカなどの大型獣猟には、北海道犬、秋田犬、四国犬、紀州犬、甲斐犬が使われることが多かったようです。とはいえ、立ち耳で聴覚に優れ、タフな上に動きは俊敏、小さくても立派な相棒として飼い主である猟師に協力。共に山に入り、鳥を追い立てたり、ウサギ、タヌキなどを仕留めていました。

また、柴犬は記憶力にも優れていて、過去に危険な経験にあった場所や、どういう状況で獲物を捕らえたかなどを、しっかりと覚えていると言います。このような能力が評価され、現代でも農作物を荒らす猿を追うために働く犬もいますし、忠実さという点では、山での散歩中にクマに遭遇した際、吠えたり追い立てながら飼い主さんを守るなど、勇敢な一面もあるのです。

このような話を総合すると、柴犬は自分で判断し、行動する資質があることがわかります。マイペースな犬が多いのも、なんだか妙にうなずけませんか？

16

犬なんで、

乗り物酔いするタイプもいます

他の犬種に比べると、車酔いする柴犬は本当に多いんです。もちろん全く酔わない柴犬もいます。人間でも車に酔う人、酔わない人がいるわけですから、車酔いする場合はそのコの体質とあきらめ、無理をさせないことが一番です。

ところで、なぜ車に乗ると酔うのでしょう? 乗り物酔いは、目、耳から脳に送られる情報のズレによって混乱が生じ、自律神経がうまく機能しなくなることが原因です。循環器や消化器をコントロールする自律神経の働きが乱れると、嘔吐の症状をもたらします。

さらに犬が車酔いする理由としては、車内空間に慣れていない、車内の匂いが苦手、動物病院などの苦手な場所に車で連れて行かれた、前に乗った時も吐いた、車に乗る時だけクレートに入れられる、など「イヤな記憶」と結びついていることも考えられます。車に乗る時は「楽しい」印象を持た

せることも大事なポイントです。
車酔いのサインは、そわそわと落ち着かなくなる、あくびを繰り返す、鳴く、呼吸が荒くなる、震える、など。やがてよだれを流し、嘔吐します。嘔吐を繰り返すと脱水症状を起こすこともあります。「具合が悪そう」と感じたら、すぐに休憩をとりましょう。
予防策としては短い乗車時間から徐々に慣らしていくことがオススメ。他にも、車内で落ち着いて座ったりフセして過ごす、クレートや箱に入れて車の振動が伝わりにくい方法を考えたり、乗車前の食事を少なめにすることも有効です。最近は酔い止めの薬もありますので、かかりつけの獣医師に相談してみましょう。

17

犬なんで

カミナリや花火が苦手です

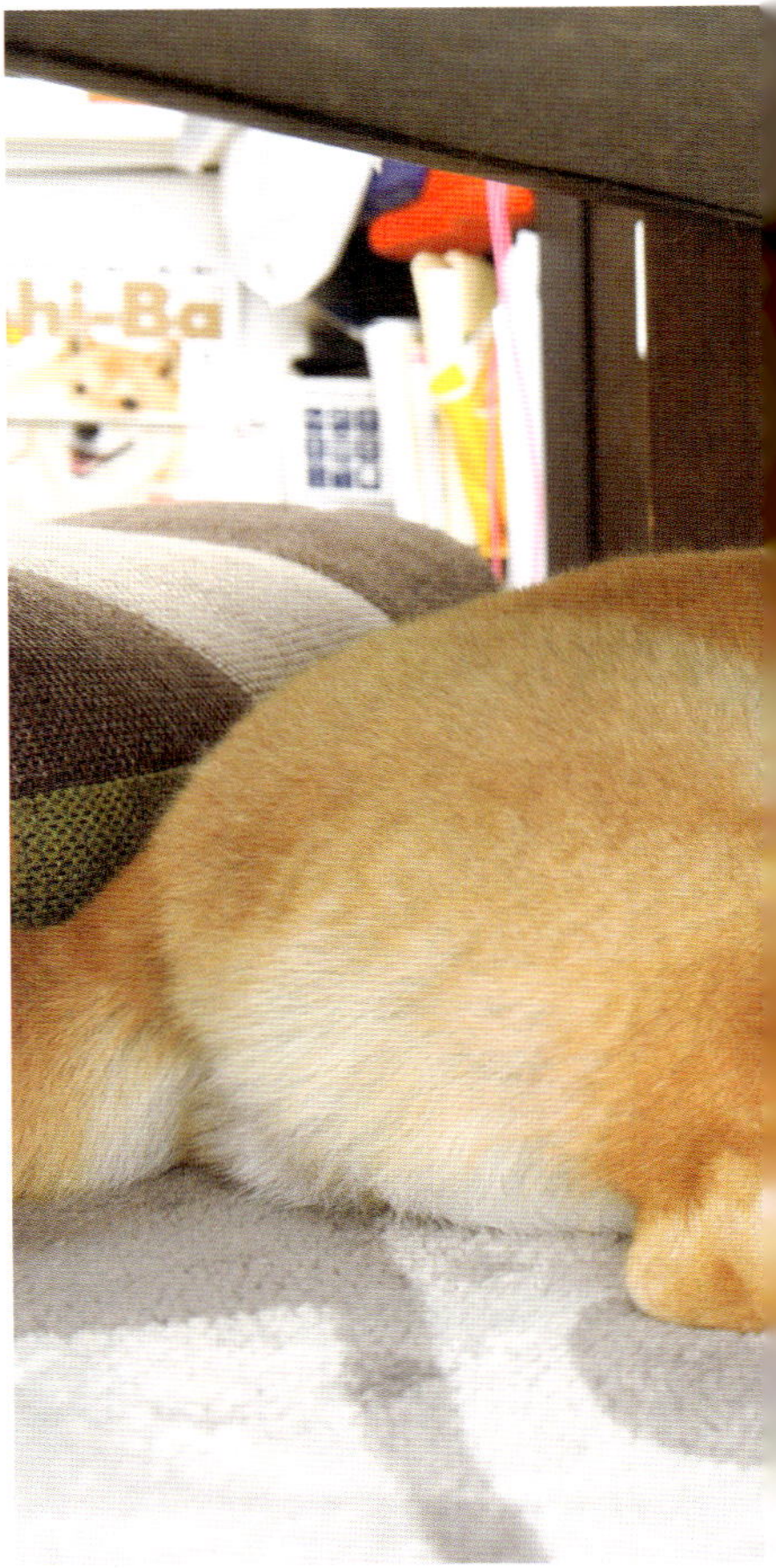

犬は人の6倍から10倍の聴力があると言われています。優れた聴力を持つがゆえに大きな音が苦手なケースもあります。中でも柴犬はカミナリ、花火、お祭りの太鼓、運動会のピストル音を怖がる犬が多いのです。

特にカミナリはいつ発生するのかを予測しづらく、何回も、そして何十分も続くことがあります。息が荒くなる、よだれを垂らす、鳴く、震える、落ち着かない、人に寄り添う、漏らす、暗い場所に行きたがるなどの様子が見られると、大好きなオヤツやオモチャにも見向きもしません。また恐怖のあまり、その場から逃げようと壁やドア、自分が入っているケージを破壊する犬も。そして悲しいことに、カミナリのシーズンはパニックを起こし散歩中などに脱走してしまう柴犬もいるのです。

カミナリが鳴りそうな日は天気予報をこまめにチェックし、犬だけの留守番を避けたり、散歩の時間をずらすのもいいでしょう。平日に誰もいない家庭では、犬がいるスペースに防音効果のある二重窓を設置したり、カーテンを閉めてカミナリの閃光を感じにくくする工夫もしてみてください。

花火大会や運動会は開催日がわかるので、その日は一緒に家にいるか、車に乗ることが苦手でない犬なら、花火や運動会のピストルの音が聞こえない場所に移動することもオススメです。

外飼いの場合は、犬が恐怖でパニックになった際に脱走しないよう、敷地内のフェンスの確認をしておくと良いでしょう。

どうも苦手です

BEFORE

この本のかわいいモデル、ハナちゃんも動物病院（具体的には注射ですが！）が大の苦手。それはこの表情の変化を見れば、一目瞭然ですよね（苦笑）。

動物病院の待合室にいると、診察室からなんとも悲痛な鳴き声が聞こえてくることがあります。やがて、ドアから逃げるように出てきたのは、体格の立派なオスの柴犬。さぞや大変な治療をしたのかと思いきや、飼い主さんも「爪切りと耳掃除だけなんですけどね」と思わず苦笑。でも、一度「動物病院はイヤだ！」と思ってしまうと、柴犬はそれをいつまでも覚えていることが多いのです。

実はこれ、動物としては正しい本能なのだそう。柴犬のDNA

犬なんで

18 動物病院は、

AFTER

の中には、今も野生時代の習性が残っているので、彼らは自然界で生きていく上で必要な「危険を察知し、記憶にとどめておく」能力に長けています。そのために、楽しかったことよりも、自分にとってイヤだったことをいつまでも覚えているのです。

そんなわけで、散歩中に動物病院の前さえも歩きたがらない柴犬もいるほど。このような場合は、かかりつけの獣医師と相談した上で、特に治療が必要なくても動物病院が比較的空いている時を先方に確認して遊びに行き、先生からおいしいオヤツをもらうなど、「動物病院に行くと、なんだかいいことがあった」という印象を犬に持ってもらうようにしましょう。

19

犬なんで、

慣れないお泊まりで体調を崩すことも

乗り物に酔うので犬連れ旅行はできないから、旅行の際は誰かが必ず家に残るようにしている、というお宅も多いもの。でも、冠婚葬祭の時や、親戚が入院して飼い主さんがお世話にいかなければならず、やむをえず家を空けなくてはならないこともあるものです。

柴犬が長時間留守番をする時に、何よりも心配なのがトイレの問題。散歩の時にしか排泄をしない犬が多いので、1日に2回は散歩に連れていく必要があります。そこで、飼い主さんは動物病院やドッグホテルに犬を預けるわけですが、「うちの犬は普段は呼んでも来なかったり、あまり甘えるそぶりを見せないから、預けても大丈夫」なんてタカをくくっていると大変。お泊まりから帰ってきた愛犬がげっそりやせていた、というケースも少なくないのです。

クールに見える柴犬ですが、内面は相当デリケートです。飼い主さんは「2泊したらお迎えに行くから大丈夫」とわかっていても、彼らにしたら「いきなり知らない所に連れてこられた」「見知らぬ犬がいるし、鳴いている犬もいるし、ここは一体何？」「家とは匂いも床の感じも、何もかも違う」「家族はどこに行ったの？」と、とにかく不安なことだらけ。

全く知らない場所に預けるよりは、顔見知りがいて何度も通ったことがある、かかりつけの動物病院などに預けるのが安心です。しかし、それでも獣医さんたちの話

によれば、柴犬は家族と離れて宿泊すると大きなストレスがかかって、ゴハンを食べなくなったり、下痢やひどい時には血便を出してしまう犬もいるそう。

宿泊すると体調を崩すようなら、こんな方法もあります。

犬が大好きな親戚や友達、近所の散歩仲間の家に普段から行き来しておきます。そうすれば、いざという時に犬を預けたり、自宅まで愛犬の世話に来てもらうこともできます。犬にとって「環境は変わらない」ので、ストレスはだいぶ軽減されるはず。また、最近ではペットシッターサービスも充実してきましたので、愛犬に合うシッターさんを探して、上手に利用してみるのもいいですね。

20

犬なんで、カーミングシグナルのこと、飼い主に知っておいて欲しいんです

いつもの犬の生活によく見られる動作を「なんで、今、それをやるの?」と、飼い主が首をかしげるようなタイミングでおこなう場合は、周囲に対して何かを訴えかけているカーミングシグナルの可能性があります。

　散歩中に見知らぬ犬が来た時、道の真ん中でいきなり座り込んで体をかきはじめたり、オスワリをさせてしつこく写真を撮っていると、大きなあくびをしたり目を細

【匂いを嗅ぐ】

【かく】

【目を細める】

【口を舐める】

【顔を背ける】

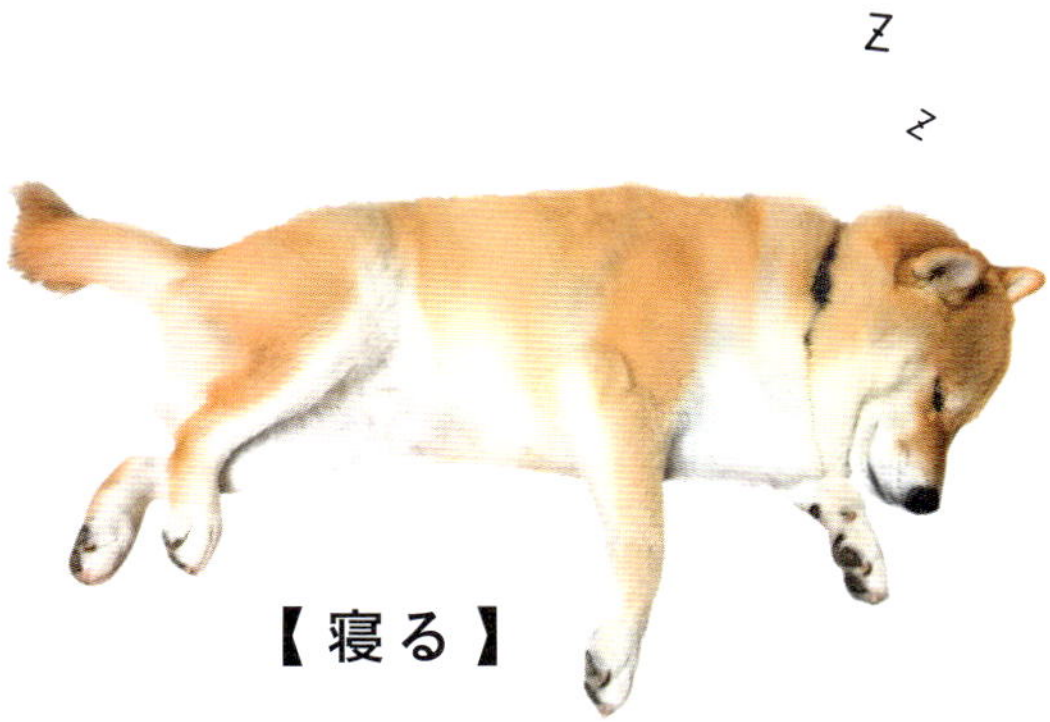

【寝る】

【あくびをする】

めたり、きょうだいゲンカが始まった途端に口をペロペロ舐め始めたなど、みなさんのお宅でもサインを見たことがあるのでは？

カーミングシグナルは他者との争いを避けるために、生まれつき犬に備わった優れた能力です。

上記に挙げたのは、一般的に犬によく見られるサイン。いずれも、イヤだからやめてほしいな、怖いな、相手に落ち着いてほしいな、といった思いを犬が持っている時に出る反応の一つです。ただ、その時の状況により別の意味を持つ場合もあります。

カーミングシグナルを上手に読み取り、言葉が話せない犬の不安やストレスを取り除ける飼い主でありたいものですね。

21

犬なんで、換毛期は大変です

柴犬の毛はダブルコートと言って、上毛（トップコート）と下毛（アンダーコート）が生えている二重構造になっています。

毛は一定の周期で発育と脱毛を繰り返し、特に毛が抜ける時期が春と秋です。暖かくなる3月頃から冬毛が抜け始め、密度が少なめの夏毛が生えます。この時期、まるで羊のように毛が浮き上がっている柴犬もいますよね。そして、秋になると夏毛が抜け、綿のような冬毛が生えてくるのです。

さて、換毛期は飼い主さんがい

つもよりも熱心にブラッシングしてしまいがちですが、これが原因でブラシ嫌いになる柴犬もけっこういるものです。特に、除毛専用のブラシは抜け毛が面白いように取れるので、スリッカーなどと同じ力の入れ具合で犬の体に当ててしまいますが、バリカンのような歯はかなり鋭利なので、力を入れすぎると犬が痛がったり、皮膚に傷をつける可能性もあります。

一度イヤな思いをすると、ずっとそのことを覚えているのが柴犬。ブラッシング自体を嫌いになることも予想されますが、毎日のブラッシングはダブルコートの柴犬にとっては必須事項です。

今使っているブラシをイヤがる場合は、ゴム製のものや先端が丸くなっているピンブラシや、獣毛ブラシに変えるのもオススメです。どうしてもイヤがる場合は家ではブラシを体に当てず、濡れたタオルで体を拭くだけにして、あとは動物病院やトリミングサロンに任せるという方法もあります。

ブラッシングはデリケートな柴犬がイヤがらないようにおこなってあげましょうね。

ダブルコート
なので毛量豊か

JAつがる
抜け毛の量、
ハンパないです

22

犬なんで、〝舐める〟にも、いろいろな理由があります

食べ終わったお皿を舐める、お風呂上がりや帰宅して靴下を脱いだ飼い主の足を舐める、寝ている飼い主の口を舐める、毛づくろいのために自分の体を舐める、飼い主が使っている枕を舐める、床やカーペットを舐める、初めて出会う物を舐めて確認してみる。このように〝舐める〟行動にもいろいろな理由があります。

ただ、飼い主さんに気を付けて欲しいことがあります。それは犬が自分の体のある部分をずっと舐め続けている時。よく舐める部位は足先などで、このような場合はかゆい、痛いなど、足に何らかの異変がある可能性があります。

また、痛みやかゆみがないのに、執拗に足を舐め続けてその部分が脱毛したり、赤くなっている場合は、犬が何らかのストレスを抱えていることも考えられます。

気になる場合は行動治療の専門家に相談してみましょう。

23 “かく”にも、いろいろな理由があります

犬なんで、

一日の中で犬が体をかくシーンはよく見られるもの。健康な状態で「体をかく」大体の部位を把握しておきましょう。そうすれば、皮膚疾患を発症したり、ノミやダニなどが寄生した際に、かく頻度が多くなったり、同じ部位をかき続けていることで、その異変に気付きやすいからです。

P50のカーミングシグナルでも少しお話ししましたが、ストレスを感じた時にも体をかくことがありますので、飼い主さんはその場の状況をよく観察しておくことが大事ですね。

自分の後ろ足が届かない、首の後ろやシッポの付け根をかいてあげると、気持ちよさそうにすることがあります。触られるのがイヤでないコであれば、喜ぶ部位をかいてあげることで、飼い主さんのことがもっと好きなることも間違いなしですよ。

24

犬なんで、

たまには凹むこともあるんです

飼い主さんにも〝柴距離〟を求める柴犬ではありますが、寂しがり屋の一面も持ち合わせています。まぁ、そこが、柴犬の魅力でもあるわけですが。

よく聞かれるのが、休日の留守番での凹みぶり。平日は家族のみんなが仕事や学校に出かけるのを寝たまま見送るほど無関心なのに、休日犬を置いて家族全員で買い物や遊びに出かけようとすると「置いていかないで！」と猛烈にアピール。でも結局留守番になると、家族が帰宅してもハウスから出てこないでふてくされている。お宅の柴犬はいかがでしょう？

飼い主に忠実と言われる柴犬は、大好きな家族の一人がいなくなったり、飼い主さんに叱られると落ち込み、かつ、それを引きずるタイプも多いようです。怒られた日の翌日までゴハンを食べなかったという話も聞きます。なんてデリケート！

また、飼い主さんの仕事が忙しくなって家にいる時間が減った、パパの単身赴任、子供たちの進学や就職、今まで専業主婦で家で一緒にいる時間が長かったママが働き始めたら、寂しさのあまりストレスで胃腸の具合が悪くなった、という柴犬もいます。このように家族や環境に変化がある場合は、徐々に慣らしてあげることが、柴犬には特に必要なようです。

なんだか凹んでいるな？と思ったら、少し遠出して大好きな散歩コースに連れて行ってあげたり、新しいオモチャで遊んであげるのもいいですね。

ただし、元気がないフリをしていると、飼い主さんがかまってくれて楽しかったと覚えていて、落ち込んだフリを繰り返す、演技派で賢い柴犬もいます。でも、心配は無用です。一緒に暮らしていれば、「大体こういう時は、気を引こうとするよね」と飼い主さんもわかってきますから！

あたしだけ、置いてけぼり？

おしゃれのこだわり

コスプレもかなりイケてるハナちゃんですが、意外にも持っている洋服はレインコートだけ。柴犬ならではのおしゃれを楽しもう！

＼なんか、頭、重たくね？／

ママ、これは一体……。静かに怒りの気配、感じます。

この「遠い目」が柴マニアには、たまらないのです。

かぶり物編

「頭に何か乗せるのは苦手」だそうですが、ハナちゃんの頑張りようはやっぱりすごい。ムッとしている時ほど萌えるのは、本犬には内緒でね。

COLUMN

ハナちゃんの秘密 その②

もはや誰なのか、見当もつきませんが、ハナちゃんね。

＼トリック or ミート！／

ハナちゃん、笑った？いや、10月って意外と暑いしね。

ハナ巻きです

一見、マッチ売りのハナちゃん風。何も売らないけど。

真夏はちょっと暑いかも〜

あら、ごきげんよう♪

こーゆー
\「ちょい乗せ」苦手～/

春の散歩は桜の花びら、シロツメクサなど、
乗せたいものがたくさんあって困っちゃう。

\ 前がよく見えませんが /

怒ってる？ 怒ってないよね？ やっぱ、怒ってる？

ついかぶせたくなるフード。
イヤイヤはフードのせい!?

番外編

かぶり物ではないけれど、なんとも
愛らしいコスプレ!? をご覧あれ！

\ くわっ くわっ /

\ あたし、足こんな大きかったっけ？ /

お嬢さん、尻だけ
寒くないっすか？

珍しいコートのお姿。
でもお尻はやっぱり丸
見えなのさ～♪

首輪 編

ハナちゃんの首飾りのかわいさに目が釘付けになる人も多いはず。人用の髪飾りをアレンジしたり、ママやお友達の手作りもあるんですって。

首まわりのおしゃれグッズが入った収納ケース。さすが、ハナちゃん！

手作りして
くれたお友達、
ありがとー

柴は毛が
密だからね

これからも
おしゃれ
楽しんじゃうよ

服は着ませんが
首元のおしゃれには
気を配ります♡

お気に入りのリードの一部。女の子らしい色がラブリ〜♪

肩に掛けるタイプのリード。両手があけば、撮影もラクラク。

ママのセンス、
なかなかいいでしょ？

基本はハーネス派。柄はリードと合わせて。

ママ手作りの首輪。材料は100均！ すごいね〜。

柴だって、
おしゃれを
楽しめるよ！

3章

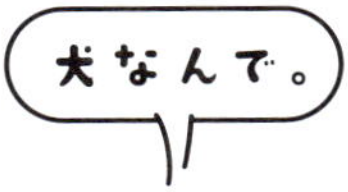

そんなことして、おいしいの？楽しいの？

一緒に暮らしているからこそ見えてくる
ユニークな仕草や謎の行動の数々。
そこには「なるほど〜」と思わず納得する
さまざまな理由があったんです。

25

犬なんで、

匂いを嗅ぐのは生きる喜びなんです

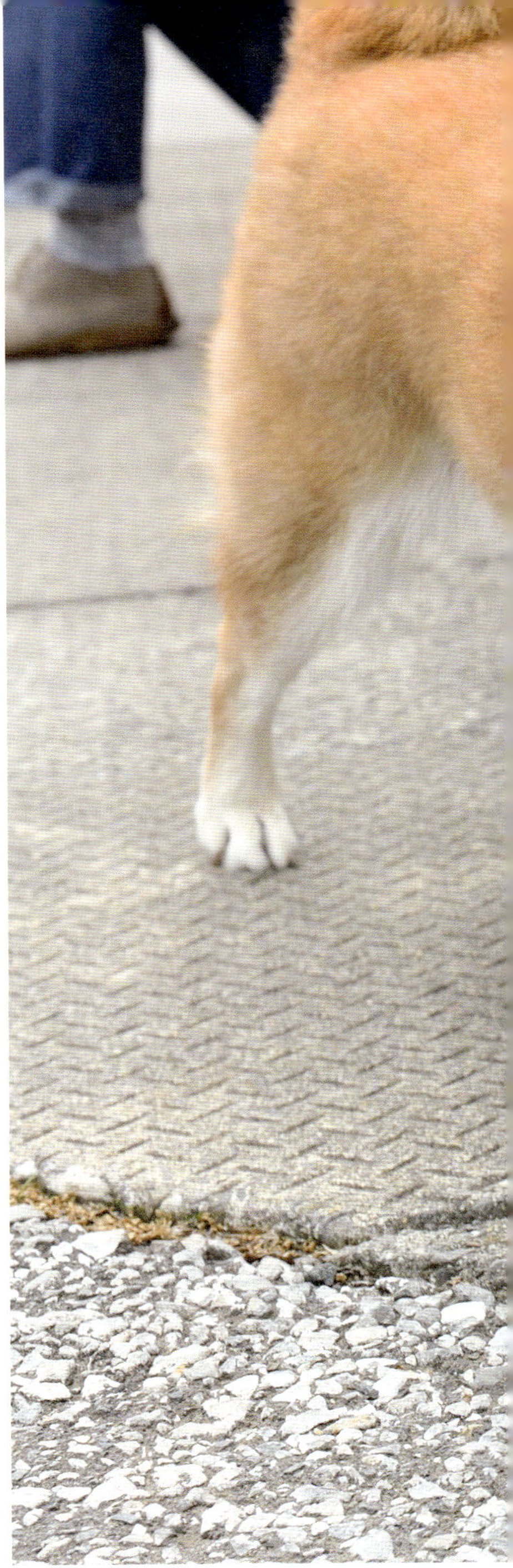

人よりも優れた嗅覚を持つ犬。匂いによっても感知の度合いは違いますが、人と犬の嗅覚を比較した場合、酸臭が1億倍、腐敗バター臭が80万倍、スミレの花臭が3千倍、ニンニク臭が2千倍と言われています。

この能力をフルに発揮して活躍するのが警察犬。人の体の汗に含まれる揮発性の脂肪酸を感知し、足跡を追跡していくのです。

このように、犬にとって嗅覚はとても大切なもの。散歩をすることで、様々な匂いを嗅ぎ取り、嗅覚が刺激されます。しかし、散歩に行かずに室内で遊ぶだけでは、肉体的に疲れることはあっても、嗅覚を使った脳への刺激は圧倒的に足りません。散歩に出ていろいろな匂いを嗅ぐことは、犬の脳を活性化させ、認知症の発症を防いだり、進行を遅らせることにもつながると言われています。

「散歩＝何十分も歩くのは大変」と考えず、まとまった時間が取れないなら、家の周りを5分、匂いを嗅がせてあげながら歩くだけでもいいでしょう。愛犬の嗅覚を刺激するためにも、毎日のこまめな散歩を心がけてくださいね。

26 犬なんで、散歩の時は草を食べたいです

そもそも、犬はなぜ草を食べるのでしょう。これには諸説ありますが、考えられる主な理由に、胃腸の不調を整えるため、ビタミンを補給するため、ストレス発散、味の好み、などが挙げられます。

胃腸にトラブルを抱えている場合は、草を食べることで腸の動きを刺激し、たまった便を排出しようとしたり、毛玉など胃の中の異物を草でからめとって吐き出そうとしている可能性もあります。

また、葉酸（緑黄色野菜、果物、レバーに多く含まれる）というビ

タミンが不足すると、それを補おうとして草を食べていることも考えられます。

ストレスという点では、散歩中に飼い主さんがよその人と立ち話をしている時、暇を持て余してつい近くにあった草を食べる、ということもあります。

このように犬が草を食べる理由もさまざま。ただし、散歩コースに生えている草には除草剤や寄生虫が付いていることも考えられますので、できるだけ外の草は食べさせないようにしたいもの。

ところで、胃腸障害やストレスとは関係なく、単に草を食べるのが好き、という犬もいます。好む草も犬によって異なります。イネ科の雑草や笹、タンポポなどを食べる犬もいれば、庭に植えたイチジク、シソやバジルの葉を食べる犬もいます。昔から日本の豊かな自然と共に暮らしてきた犬なので、アジサイ、キキョウ、ツツジ、スイセン、スズランなどの毒性のある植物を、自分から進んで口にすることは少ないですが、万が一のことを考え、庭に植える植物は中毒を起こさない種類を植えるのがオススメです。また、室内に置く観葉植物も食べると中毒を起こしやすいので、注意が必要です。

いずれにせよ、草を大量に食べて頻繁に嘔吐が続くようなら、何らかの胃腸障害をはじめ、寄生虫、腎臓、肝臓障害の疑いも考えられますので、早めにかかりつけの動物病院を受診しましょう。

園芸店で販売されている、通称「ペットの食用の草」の正式名称は「えん麦」。イネ科の草。自宅で種から栽培できる。

27

犬なんで、

いくら食べても おなかいっぱいになりません

犬は一度に体重の１／５の量を胃に詰めることができると言われています。これは野生時代に狩りをしていた頃の名残。毎日必ず餌にありつけるわけではありませんから、食べられる時に一気に食べておく必要があったわけです。

ゴハンを食べた後も、まだ何か食べたそうにしていることがあるかもしれませんが、「おなかがいっぱいにならないのは犬の習性」と理解し、食べ過ぎによる体重増加を防ぎましょう。また、避妊・去勢後も食欲が増して体重が増えることがあります。

かかりつけの動物病院で愛犬の理想体重を確認し、「足りない！もっと食べたい！」というおねだりに負けないでくださいね。

28

犬なんで、

食べ物を埋めることがあるんです

ゴハンをあげればいくらでも食べてしまうのに、ガムや硬くて大きなオヤツをあげると、寝床やソファのクッションの間に埋めて隠すこと、ありませんか？

これも犬が狩りをして暮らしていた時の習性。食べきれなかった獲物の肉を他の動物に取られないようにするため、土の中に埋めて隠していたのです。また、冷たい土の中に埋めることは、保存性を高める効果もあったようです。

ただし、柴犬は自分の所有物を「守る」気質があります。埋めた場所の近くを人が通ると気にしたり、犬によっては唸って攻撃することもありますから、どこに何を埋めたのか、飼い主さんはある程度把握しておくと安心ですね。

元気な柴犬と散歩をしていると、楽しいけれどその気まぐれさに、思わず苦笑してしまうこともありますよね。

　前方に何か動く物の気配を感じれば「早く行って確認しなくちゃ！」とリードを強く引っ張りますし、なぜか自宅が近づくと猛ダッシュしたり、あるいは帰りたくないとイヤイヤが始まったり。

　そして、家に帰れば足を拭き終わった途端に、部屋中を驚くような速さで走り回る〝猛ダッシュスイッチ〟が入ることもあります。飼い主さんにとっては「うちのコ、ちょっと不思議さん!?」と思うこともあるでしょう。

　また、自分の気分が乗らない時

してもこれがしたいんです！

ねっ！　遊ぼっ！

どうしても今座りたい

ここ、くぐりたい

に、何かをされるのは苦手。こちらがオモチャで遊ぼうと誘っても、気付かないフリをしたり、さらにしつこく誘うと深いため息をついて別の部屋に移動してしまうことだってあります。まぁ、こんなツンデレなところが柴犬の大きな魅力でもあるわけです。

気まぐれな愛犬に連れられて行った先に、きれいな色の野鳥の姿があったり、地面の匂いを嗅ぐ犬の鼻先につくしが顔をのぞかせていたり。犬と歩かなければ気づくことのできなかった小さな自然に出会わせてくれるのも、散歩が必須の柴犬暮らしの楽しみ。

たまには愛犬の気まぐれに付き合ってみると、意外な発見ができるかもしれませんね。

犬なんで！

29 このタイミングで、どう

手すりに
つかまってっと

あ〜ん！
ボールゥゥゥ〜

降りたく
ないんだったら〜

30

犬なんで✧

じらされて遊ぶと、すごく楽しいです

基本的には飽きっぽいことで知られる柴犬。ボールを投げて遊んであげても、3〜4回でやめてしまうことが多いものです。

柴犬と遊ぶ時にはコツがあります。それはズバリ「じらす&もったいぶる」こと。例えば、ボールで遊ぶ場合は、ボールを犬に見せてもすぐに投げず、人の体の後ろに隠したり、飼い主だけがボールを地面で弾ませて「このボール、すごく面白いよ〜」と犬に見せつけます。犬の目には「楽しそうで魅力的なもの」として映りますので、そうしたらこっちのもの。匂いを嗅がせたり、ちょっとかませてあげた後、ボールを投げると喜んで取りに行きます。また投げて欲しい場合はくわえて持ってくるので、その時にほめてあげながら、2回くらい続けます。

でも、同じような投げ方をしているとすぐに飽きるのが柴犬。ボールを投げたフリをしたり、飼い主だけで空中キャッチしてその後に投げるなど、ワクワクするような遊び方を工夫してみて。

＼ 一人遊びは ／

＼ すぐに飽きます ／

31

犬なんで、

プレイバウを見せた時は飼い主にこんなことをして欲しいです

前足をかがめてお尻をプリッとあげたポーズは「プレイバウ」。遊びをする時のお辞儀のような行動です。プレイバウは仲のいい犬同士の間で見られることもありますし、飼い主さんに対し「遊ぼう」と誘いかけることもあります。

犬同士では、プレイバウの後、追いかけっこが始まったり、犬がわざと仰向けになって遊びに負けたような行動をとったり、口を使って遊んだり（お互いに軽くかみ付き合おうとしますが、同じ箇所をかみ続けることはなく、かみ方もとても軽いのが特徴です）、相手の肩に手をかけてまるで相撲を取っているような姿勢を見せたりすることがあります。

ただ、柴犬は遊んでいるうちに興奮して、本気のかみ合いに発展することも。体に緊張感が走っていたり、追いかけたり追われる役割交代が見られなかったり、同じ場所をしつこくかみ続けている、といった様子が見られたら、何かで犬の気をそらせて、トラブルになるのを事前に防ぎましょう。

愛犬が飼い主さんに対して、プレイバウを見せた時は、こんな遊

びをしてみたらどうでしょう？「遊ぼっか？」と声をかけながら「これから追いかけるよ〜」という感じで少し両手を広げて、足を踏み込んでみます。すると、犬は追いかけっこが始まったとばかりに、大喜び。飼い主さんは犬を追いかけたり、時にはわざと物陰に隠れて愛犬の名前を呼んでみましょう。見つけた飼い主さんから追いかけられるのも喜びますし、追いついた時に〝犬相撲〟のように犬と戯れれば、愛犬は「遊びのツボ」を心得ている飼い主さんのことが大好きになるはず。

ほら、そこのあなた。このポーズと笑顔を見たら、柴犬と一緒に思いっきり遊びたくなってきたんじゃありませんか？

32

犬なんで、

グッズの取説とか関係ないんです

リードは耳にかけるものじゃないんですけどぉ〜

その箱、小さくないっすか？

頭、はみ出てて痛くないっすか？

犬のベッド、犬のハウス、犬のオモチャ、犬の服。これって、考えてみればすべて人間が勝手に考え作った物。私たちは字が読めるので、「このオモチャはこうやって使うんだ」「このベッドの高くなった部分に犬が頭を乗せると、心地いいんだ」と取扱説明書などを読んで理解しますが、犬にとってはそんなこと、どうでもいいことなのかもしれませんね。

せっかく買ってきた新しいオモチャには見向きもせず、ボロボロのスリッパを振り回して遊ぶ方が断然楽しいコ。ベッドから体が半分以上はみ出ているのに、気持ちよさそうに寝ているコ、ハウスに入るのがイヤで「ハウスはお水を飲むだけの場所」と自分で勝手に決めているコなど、飼い主の思惑をよそに、彼らの流儀でグッズを使っていることが多いもの。

また「新しい物好き」の柴犬ではありますが、その一方で、初めて見る物への警戒心が強いのも特徴です。飼い主さんが新しく買ってきたベッドに近づくまで一か月以上かかった例や、体がひんやりするプレートの上に乗せようと抱っこをして下ろしたら、足が滑ってそれ以来二度と近寄らなくなったといったお話は、山のようにあります。

取扱説明書はあくまでも人間が犬の安全を守るために読んでおくもの。柴犬には柴犬なりの使い方があって、それが楽しく快適ならヨシとしてあげましょう。

こだわりがあるんです

昔から、犬といえばゴハンをガツガツ食べるイメージがありますよね。しかし、かつては猟犬だった柴犬も、愛玩犬として人間と一緒に生活するようになり、食べることに不自由をしなくなったことで、その食べ方もだいぶ様変わりしてきました。

特に一匹で飼われている場合は、ライバルにゴハンを取られる心配がありません。あげたフードを残して好きな時に気ままに食べたり、わざと器の外にこぼして食べることもあります。また、最近では茹でたお肉や野菜を細かく刻んで、ドライフードにトッピングしてあげる飼い主さんも多いので、ドライフードだけだと食べずに、飼い主さんと根競べしている

【よく噛んで味わう派】

このカリカリ感がけっこう好き♡

【フセたまま食べる派】

落ち着いてゆっくり食べたいもので

犬なんで✧

33 食べ方にもそれなりの

柴犬もたくさんいますね。

食べ方は犬によってもさまざまですが、柴犬の飼い主さんが気をつけたいのは、ゴハンの器を片付ける時です。柴犬は他の犬種に比べると所有欲が強いと言われ、器を下げる際に「自分の大事な器が取られる」と思って飼い主さんに唸ったりするコがよくいます。すべての柴犬にそうした気質があるわけではありませんが、ゴハンの時や器を片付ける際、愛犬に緊張感が見られたり、飼い主さんの動きをひどく気にするようなら、早めに行動治療の専門家に相談して、対処法を考えましょう。

食べる場所はできるだけ人通りが少なく、犬が安心して食べられる場所を選んであげましょう。

【飼い主さんの手から食べる派】

手のダシがしみてて、おいしいの♪

【器の外にこぼして食べる派】

こぼして食べると、よりおいしい気がする

34

犬なんで、

小動物を見るとつい追いかけたり捕まえてしまいます

春から秋にかけては小動物が活発に動く時期。冬に比べ、飼い主さんが散歩の時によりいっそう、気を遣う季節でもありますね。

さて、犬といえば、猫。自宅で猫と同居する柴犬でも、外で野良猫に出会うと狩猟本能に火がつくようで、追いかけたり、唸ったり、追い詰めることがよくあります。しかし、野良猫にちょっかいを出して、鋭い爪によって目をケガする柴犬もけっこう多いもの。そして、春から秋にかけての猫は発情期で気が立っていることがあります。子猫を産み育てている母猫は、いつにも増して攻撃的な状態に。野良猫のすみかがありそうな茂みの中には、犬を近づけないようにしましょう。

つい、本能がでちゃって〜

こんな小動物に気をつけよう

下に紹介したのはほんの一部。春夏は犬連れで自然のレジャーを楽しむご家庭も多いもの。しかし防波堤や磯の潮だまりに、オコゼやゴンズイなどの毒を持った魚が釣られて放置されていたり、サワガニ、ザリガニ、カマキリなどは寄生虫を持っていることも。近づかないのが賢明です。

ヘビ
昆虫
カエル
鳥
ネズミやモグラ

また、真夏は犬を熱中症から守るために、早朝と夜に散歩へ行く飼い主さんが多いですが、**夜の散歩で気をつけたいのがヒキガエルです。**ヒキガエルは攻撃されると、耳の後ろにある耳腺から毒液を飛ばしたり、背中のイボから牛乳のような白い有毒の粘液を分泌します。なぜか柴犬はヒキガエルを見つけるとちょっかいを出すコが多く、この毒液を浴びて泡を吹いたり、嘔吐、痙攣することがあります。最悪の場合は死に至ることも。夜の散歩は懐中電灯を携帯したり、ヒキガエルが生息していない場所を散歩しましょう。

いずれも何かの小動物を食べてしまったり、攻撃された場合はすぐに動物病院へ駆け込んで!

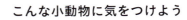

35

犬なんで✧

生まれながらの遊びの天才です

「フリスビーを一緒にやりたかったのに、ちっとも興味を示してくれません」「買ってきたオモチャで全然遊びません」もしかして、柴犬は遊ぶのが下手？ いえいえ、決してそんなことはありません。

小さいお子さんが遊ぶような柔らかいタイプのサッカーボールを与えると、見事な鼻ドリブルをしたり、ちょっと反則ですが口にくわえて走り回ったり。顔に当たっても痛くないようなオモチャを投げてあげれば、上手に空中キャッチすることだってできます。また、捕らえた獲物にとどめを刺すようにブンブン振り回したりするのも大好きです。自動掃除機が動いていると、プレイバウの姿勢をとりながらじゃれついたり、毛布などに埋めたオモチャを、まるでキツネが雪の中の獲物を狙うような動きで仕留めるように遊ぶこともあります。

そして散歩中もいろいろな遊びを見つけます。モグラの穴があちこちにあるような土が柔らかい場所で、一心不乱に穴掘りに精を出したり、松ぼっくりだけを拾ってせっせと家に持ち帰るコも。

古来から日本の自然の中で暮らしてきた柴犬は、遊びの天才です。家でもたっぷり遊びつつ、たまには自然の豊かな場所へ連れて行くと、普段は見られない愛犬の生き生きした姿や、意外な才能を発見できるかもしれませんよ。

松ぼっくり、大好き！

トォォォーっ！

反則なんか
してませんよ

イヤイヤ。それがあたしの生きる道♪

ハナちゃんのお家芸とも言えるべき「イヤイヤ」シーンを一挙大公開。
フセたまま、高い所などバリエーション豊か。首肉にも注目ね。

いつものあの場所で①
後ろの電柱に注目。

絶対にゆずらないわ！
強い意志を感じます。

難易度高し！
ON THE 切り株イヤイヤ。

出た！ ウルトラ技！
縁石の上のバランスイヤイヤ。

あっ、これは
お家に入るのが
イヤなのね。

COLUMN ハナちゃんの秘密 その③

快晴だけど、心は雨模様なのよ〜。

ちょっと見えてる白目が甘えてるね。

王道のイヤイヤ。
あごのお肉がso cute♡

ここまで用意しながら動かないあなたって、ある意味、すごいです。

きわきわイヤイヤ
そっち行くと危ないんだってば。

ハナちゃんのイヤイヤは
影もかわえーの。

あたしは休むわよ。
名付けて「どっこいしょ」イヤイヤ。

いつものあの場所で②
季節は変われどイヤイヤ変わらず。

怒りながらカメラ目線。
さすが人気モデルね。

怒りながらも素直に足を拭かれる
複雑な乙女心。

そこ、自分でかけないから
気持ちいいよね〜。

＼ 何？ ／

喜怒哀楽、困惑、空腹…

写真でわかる!? あたしの気持ち

ハナちゃんの人気はなんと言っても自然体のかわいさ。満面の笑顔、ちょっと怖い!? 怒り顔。子犬っぽい表情を見せたかと思うと、いきなりおっさんに変身。いろいろな表情でみんなの心をわしづかみ！

廊下の真ん中で威張る方。
みんな通れず困ってます。

食べた後の余韻にいつまでも
浸っていたい気分ってあるよね。

少しムッとしていますが何か？

顔のアップを撮るのは自由ですが
今、寝ているので起こさないでください。

ズバリ！
おなかが空きました
オヤツをください

たそがれる大人の女。
何かおいしいもの
見つけましたか？

4章

犬なんで。

一日でも楽しく長生きするためにして欲しいこと

犬生だって、山あり、谷あり。
でも、頼りがいのある飼い主さんと一緒なら、
なんとか、乗り越えていけると思うんです。
必ず役立つ、柴犬暮らしの知恵いろいろ。

んふ♡

36

犬なんで、

肛門チェックで健康状態を把握すべし

健康状態が良い時は排便後にウェットティッシュでお尻を拭いても、便がほとんど付着しません。ただし、フードを変えたり食べすぎた時などは軟便になることも。排便後にお尻を拭くことは、清潔さを保つだけではなく、毎日の健康チェックにもなります。

ところで、犬の肛門には肛門腺という袋状になった臭腺があり、肛門嚢を形成しています。肛門腺が溜まると地面にお尻をこすりつけたり、シッポを気にするそぶりが見られます。放置すると炎症が起きて肛門周辺の皮膚が赤くなったり、ひどくなると腫れた肛門嚢が破裂し肛門周辺の皮膚に穴があいて、血や膿のようなものが出ることも。できれば一か月に一回は肛門腺を絞るのがオススメ。肛門腺絞りを自宅でやらせてくれる柴犬は少ないので、動物病院やトリミングサロンに頼むと安心です。

また、排便時に強くいきむと、脱肛門と言って、肛門の粘膜や直腸が外に出てしまうこともあります。お尻をしきりに気にする、舐める、かく、肛門周辺の色がおかしい、と感じたら、迷わず動物病院を受診しましょう。

＼ 素敵な肛門！ ／

37

犬なんで、

どこを触られても平気になると、いろいろお得！

Ｐ20でも触れましたが、他の犬種に比べると、柴犬は触られるのがあまり得意ではありません。しかし、飼い主さんが体のどこを触ってもイヤがらない状態にしておくことは、とても大切なこと。

触ることで体にできたしこりや皮膚の異変などを早期発見することもできますし、触られることに慣れておくと、動物病院での受診などがスムーズにいきます。

そこで、柴犬があまり嫌がらない触り方をご紹介しましょう。

いきなり触られるのは嫌がるのに、信頼する人には自分からもたれかかったりするのも柴犬のユニークな特徴です。触る時は犬が自分から寄りかかってきた時がチャンス。触る場所は犬が触られると喜ぶ場所（胸など）から始めて、徐々に範囲を広げます。**触り方はワンストロークを短めに、そして犬が自分の体をかく時のようなイメージで行います。**その際、犬が何度も気にして振り返ったり、身震いをするようなら「ちょっとイヤだな」というサイン。その時は触るのをやめ、犬がリラックスしてご機嫌な次の機会にまたおこなうようにするといいですね。

＼ なんか嬉しー♪ ／

えへ♡

場合は拾い食いを疑え

な〜んだ、石か……

何してるの〜?

こんな物や

こんな物まで〜

だって
魅力的だしぃ〜♪

散歩中
拾いがちな物

鼻をかんだティッシュや
タバコの吸い殻

フライドチキンの骨

ボール

犬なんで、

38 散歩中、妙に静かな

散歩中、植え込みに顔を突っ込んでいる愛犬が、何かを口にくわえていた、こんな経験をお持ちの飼い主さんも多いのでは？

特に柴犬は、自分が拾った物を「所有物」として守る気質があり、くわえている物を口から取り上げようとすると、取られまいとして飲み込んだり、唸ったりかんだりする可能性もあります。

こんな場合に備え、くわえた物を「ダシテ」や「アウト」などの指示で、口から放せる練習を子犬の頃からしておくと安心です。教える際には、くわえている物と交換するオヤツや、より魅力的なオモチャを用意。口に何かをくわえている時に、オヤツを見せ、オヤツ食べたさに口を開いてくわえている物を放した時に「アウト」と声をかけ、オヤツをあげてほめます。これを繰り返すことで「アウト」と言われて、くわえている物を放すと、オヤツがもらえてほめられる、と学習します。

お祭りの後の公園などには、食べ物の匂いや味がついた袋や容器が落ちていることも。よそ見をしながら、またはスマートフォンの画面を見ながらの散歩は、愛犬の動きから目を離すことになるのでとても危険。まずは拾い食いをさせないように気をつけましょう。

また、カラスがゴミからあさった食べ物を落としていくこともあります。庭やドッグランで遊ぶ際、異物が落ちていないか、必ず確認しておきたいものです。

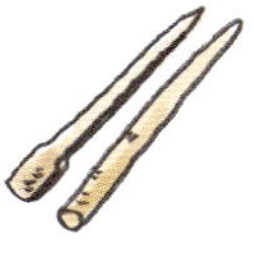

アメリカンドックや
焼き鳥の串

石

手袋

食べかけの
パンやおにぎり

＼えいっ！／

／ん？＼

＼気持ちい〜い♪／

39

犬なんで、

散歩はそのコの体調、年齢、好みに合わせよう

「とにかくたくさん歩かせた方が丈夫な犬になる」「柴犬は散歩が好きに決まっている」なぜか、柴犬にはこのようなイメージを持つ人もいるようです。

しかし、人間にもアクティブな人とそうでない人がいるように、健康で若い犬でも、たくさん走るのが好きな犬もいれば、走ることより、自分のペースでゆっくりと地面の匂いを嗅いだりすることを好む犬もいるもの。どういう散歩が好きなのか、飼い主さんが日頃の愛犬の様子を見て把握しておくとが大切です。

意外に多いのが、犬に散歩を無理強いしてしまうこと。「うちの犬は散歩が大好きだし、よく歩くから大丈夫」と思い込んでいるこ

とが主な原因です。しかし、今までよく歩いた犬が散歩をイヤがる場合、体調が悪い、シニアになって長い距離を歩くのがつらい、その散歩コースでイヤな思いをした、リードを強く引っ張られるのがイヤ、などの理由が考えられます。いつもと変わりはないか、歩いている時の様子を観察しながら、そのコの好みや体調に合わせた散歩を心がけたいもの。

また、老犬になり歩くことが困難になっても、抱っこをしたり、カートに乗せて外の空気を感じさせてあげるだけで、気分転換になることも。たくさん歩くことだけが散歩と考えず、犬の楽しみや気分転換という点から、散歩を見つめ直してみるのもいいでしょう。

40

犬なんで✧

一匹で留守番させると、何が起きるかわからないよ

柴犬は自分の時間や空間を大事にする傾向があるので、飼い主さんがゴミを出しに行く間でさえ寂しがって鳴く、小型犬によくあるような分離不安は、成犬の場合は少ない方かもしれません。ただ、**気をつけなくてはいけないのが、留守番中の誤食です。**

退屈しのぎにゴミ箱をあさる、家具をかじる、床に落ちたボタンやヘアゴムを口にする、ぬいぐるみやクッションをボロボロにする、コードをかじる、などの誤食はよく見られます。

胃の中で消化ができない物や腸に詰まる物、排泄されない物を飲み込むと最悪の場合、開腹手術をして異物の除去を行うことも考えられます。出かける前には誤食や感電事故が絶対に起きないよう、室内の様子を点検するのはもちろん万が一、帰宅後に愛犬の様子に異変を感じたら、すぐに動物病院へ行きましょう。

「うちの犬は留守中に部屋の中で自由にさせておくと、イタズラをするかも」と不安に思うなら、広めのケージを用意し、留守中はそこに入ってもらうのもいいと思います。しかし「留守番の時にだけケージに入れられるのはイヤだ」と犬が感じないよう、家族がいる時もケージで過ごせる練習を、普段からしておくといいですね。

まっ、基本
寝てるんですけどね…

41 犬なんで、熱中症にはくれぐれもご用心！

年々厳しさを増す日本の夏。散歩は必須の柴犬の場合、朝は5時台、夕方は日が暮れて地面の熱が冷める19時以降に、愛犬と散歩に行く飼い主さんが多いようです。

熱中症は外で起こると考えがちですが、実際には室内で起きていることがほとんど。犬をケージやハウスに入れて自由に移動ができない状態で留守番をさせる時は、一日のどの時間帯でも日が射さない場所をしっかり選ぶことが大切です。また、予想以上に気温が上がることもありますので、エアコンの温度や強さの設定、急な故障などがないように、機器のメンテナンスもどうか忘れずに。

夏は水遊びをする機会もあるかもしれませんが、暑い日に水遊びをした後しっかりと体を拭かないと、皮膚が蒸れて炎症を起こすこともあります。

また、犬が暑そうでかわいそうだから、という理由で地肌が見えるようなサマーカットにすることは避けたいもの。外気温や紫外線から受ける皮膚へのダメージが大きくなってしまうからです。

柴犬はご存知のようにダブルコート。これはいわば住宅における断熱材のような役割を果たしています。被毛の隙間に空気の層を作ることで、外気温の影響を直接受けないようにしているのです。

外で暮らす柴犬にも同様のことが言えますので、庭では涼しい場所へ犬が自由に移動できるようにして、水もたっぷり置いてあげるといいですね。

最近の夏、
暑いわよね！

水分補給は
こまめに行おう

……。

ちょっと
休憩♪

42

犬なんで、

人間の食べ物は、ガマン、ガマン

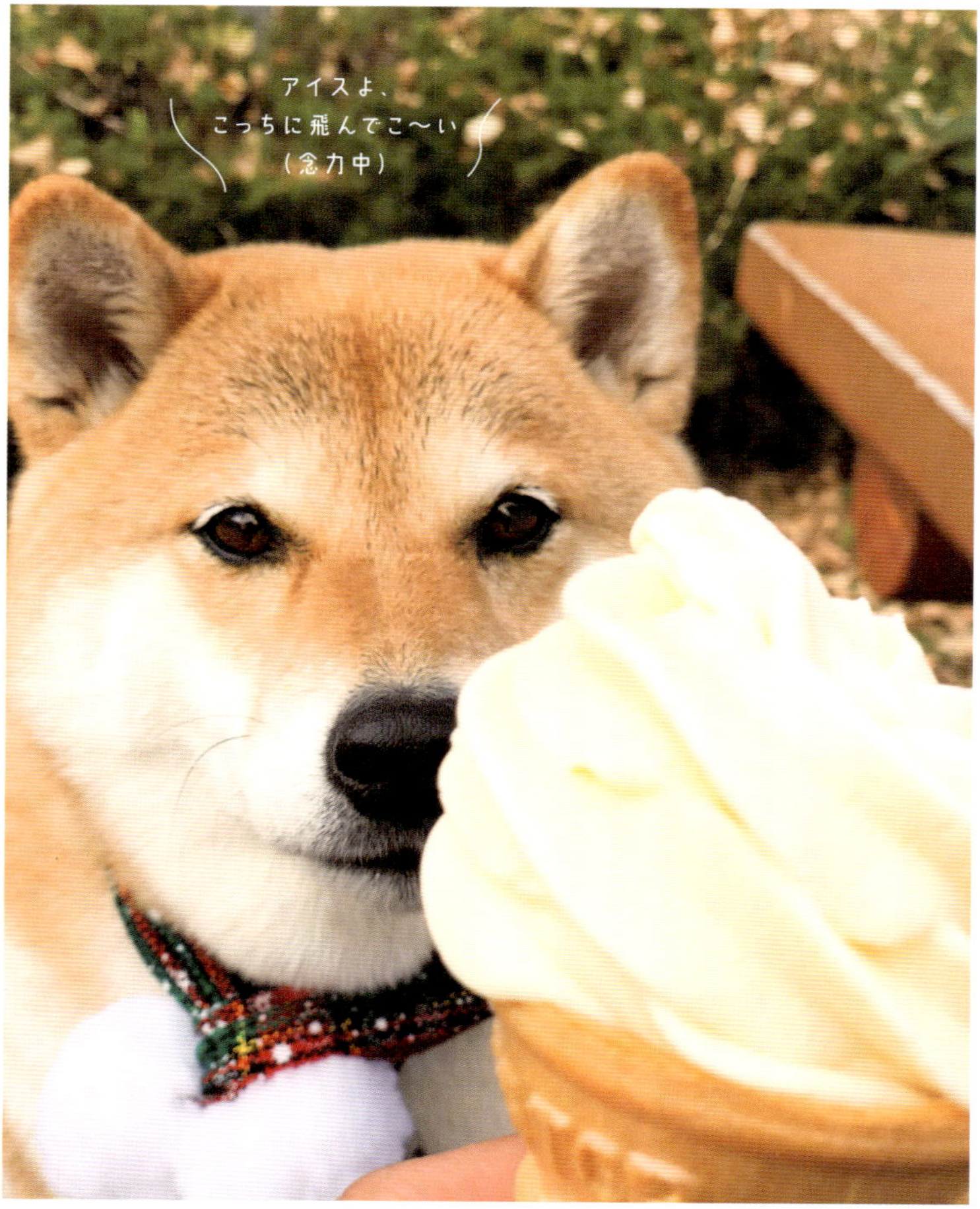

一緒に暮らしていると、つい人間の食べ物をあげがち。でも中には犬が食べると中毒や胃腸障害を起こしたり、食べ続けると膵臓、腎臓、肝臓、心臓などの臓器に悪影響を及ぼす物もあります。

身近な物で犬に与えると危険な食材には、ブドウ、イチジク、アボカド、ネギ類、生玉子の白身、鳥の骨、イカ、タコ、エビ、カニ、貝類、チョコレート、キシリトール入りのお菓子、コーヒーやお茶などの嗜好品、アルコール類が挙げられます。また人が食べるために調理された料理は、塩分や糖分、刺激物などが含まれているので、犬には不向きです。

犬の祖先は肉を食べて生きてきました。人と暮らすようになってから雑食性となり、その食生活も長い間に大きく変化しました。

「たんぱく質」「ミネラル」「ビタミン」「炭水化物」「脂肪」の5つは、動物が健康な体を維持するための栄養素。特に犬は人の4倍のたんぱく質が必要だと言われています。ただし、たんぱく質を摂取しすぎると、肝臓や腎臓に支障をきたす恐れがありますし、不足すれば元気がなくなったり、毛の艶が悪くなることも。また、脂肪も人より多く必要としますが、摂りすぎると肥満の原因に。

肉や魚、野菜を使って手作り食をあげる場合は、かかりつけの獣医師に相談しながら、栄養が偏らないように気をつけることがとても大切です。

いつも体のこと考えてくれてありがとー！
ハナ

43 犬なんで、ドッグランが好きなコもいれば、苦手なコもいます

ドッグランで嬉しそうに全力疾走する柴犬もいれば、匂いばかり嗅いだ後は、ドッグランの隅の方で他の犬が遊ぶのを見ているだけだったり、飼い主さんに「もう帰ろう」と催促する柴犬もいます。大勢の人がいる所でおしゃべりするのが好きな人がいたり、家で静かに本を読む方が好きな人がいるのと同じようなものでしょうか。

ただ、幼犬時代にドッグランで遊ぶのが好きだった犬が2〜3歳になると、見知らぬ犬とうまく遊べなくなることもあります。これは犬自身に警戒心が芽生えたり、「好き嫌い」の好みがはっきりしてくることと関係しています。大人になった証拠かもしれません。

こんな場合は、貸切ドッグランを上手に利用し、他の犬とのトラブルを心配せずに思いっきり走らせてあげるといいですね。

44

犬なんで、

ドッグランでは、こんなことに気をつけて欲しいです

衛生面は大丈夫？

衛生面に気を配っているところでは、こまめに土の入れ替えをしたり、芝の張り替えをします。HPなどで状況をチェック。

整備はきちんとされてる？

他の犬が掘った穴が放置されていると、足を踏み入れて捻挫や骨折をする可能性も。石や雑草などがないかも確認を。

犬から目を離さない

他の犬とケンカになったり、人や犬の出入りの際に愛犬が出て行かないよう、自分の犬から目を離さないようにしましょう。

オヤツやオモチャを持ち込まない

オヤツやオモチャを持ち込むと、他の犬とのトラブルの原因になることも。飲み水や排泄物を持ち帰る袋は必ず携帯を。

ワクチン接種済みであること、メスは発情中でないことがドッグランに行く時の条件になります。また、「フセ」「マテ」の指示をはじめ、柴犬が苦手な「オイデ」もマスターしておくと理想的。見知らぬ犬が集まるドッグランでは、他の犬とあいさつができるかが楽しく遊べるポイントになります。愛犬の性格を見極めた上、近所の公園で他の犬と触れ合うなど、ドッグランデビューの前によその犬に慣れておきましょう。

45

犬なんで、迷子にならないための対処法を知っておいて欲しいです

首輪やハーネスが抜けないきつさは？

首輪やハーネスは人の指が2本入る程度に調節。きつそうに見えるかもしれませんが、この状態がベストです。

逃げた時に追いかけるのは逆効果

犬が逃げた時、走って犬を追いかけると、どんどん逃げてしまいます。安全を確保しながらオヤツなどで呼び寄せて。

柴犬に多いのが脱走です。大きな音に驚いたり、怖い物に遭遇した時、触ってくる他人の手を避けるため、後ずさりした際に首輪が抜けることがあります。自由になった嬉しさや、恐怖によるパニックでどんどん走って行ってしまい、迷子になったり、最悪の場合は交通事故に遭うケースも！

こんな万が一の時に備え、どんなに興奮している時でも飼い主が「マテ」と言えば、その場で待つことができ、「オイデ」と言えば、飼い主の手元まで来て体を確保させてくれるように、日頃から練習しておくことが一番の安全策です。しかし、体を触られるのが苦手だったり、自由を好んで捕まることを嫌がる柴犬がとても多いのが実情です。逃げた時になんとか犬を確保できるように、散歩時は犬が大好きなオヤツ、オモチャ、予備の首輪とリード、携帯電話を必ず持って行きましょう。

A
犬
ハナ
を探しています!
B
名前:ハナ(柴犬)
メス・7才・13kg
避妊手術済み
人なつっこいが、
急に触ると怒る
C
D
目がまん丸で
アイラインは濃いめ
唐草模様の
首飾りをしている
E
日時 ○月○日　夜7時頃
場所 ○○県柴犬市柴犬公園付近で行方不明に
状況 散歩中に花火の音に驚いて、公園から走って逃げてしまいました。ご連絡お待ちしております。
F
見かけたり、保護された方はこちらまでご連絡お願いいたします。
連絡先
☎ 000-0000-0000　ハナ
メール xxxxxxxxxxxxx

万が一、
迷子になった時の

【チラシの作り方例】

A:タイトル

見た人の記憶に残ることが何よりも大切なので、タイトルはシンプルでわかりやすい言葉を選びましょう。文字は大きくて目立つようにデザインします。パソコンが苦手な場合は、手書きでもOK。

B:特徴

名前、年齢、体の特徴や性格を書きますが、何日も脱走をしていると犬がやせていることもあります。「茶色い柴犬」など、犬を飼っていない人でもわかるような言葉で書きましょう。

C:写真

顔のアップよりは、シッポの先まで全身がしっかり映っている、立ち姿の写真の方が特徴がわかりやすいです。普段の散歩の時などに撮っておくようにしましょう。

D:文章

犬に関する情報を読み手側に確実に理解してもらい、記憶してもらうことが重要です。短めの文章を箇条書きにし、情報は吟味して、必要なことだけをわかりやすい言葉で書きましょう。

E:その他

いなくなった日時や場所を明記。チラシは大人の目線よりも少し低い位置に貼ると子供が見てくれる可能性も。動物病院、ペットショップ、スーパーなどの掲示板に貼らせてもらえるよう頼んでみて。

F:連絡先など

飼い主の電話番号や住所を明記するとイタズラ電話などが心配という場合は、捜索専用に無料で作ることができるフリーメールのアドレスを設定し、連絡先にするのもオススメです。

マイクロチップつけてますか?

散歩中にリードが外れたり、玄関の戸から逃げることもありますので、室内でもできるだけ首輪をつけた方がいいでしょう。首輪には鑑札、犬の名前と飼い主の連絡先を書いた名前札をつけておきます。しかし、首輪ごと外れて脱走すると、犬のプロフィールはわからなくなってしまうもの。そんな場合でもマイクロチップを体内に入れておけば、自治体の動物愛護センターに収容された際、すぐに身元が判明し連絡をもらうことができるので安心です。

46

犬なんで、

アレルギーになることもありますが

異変に気付いたら
すぐに動物病院に
行こうね

アレルギーは体内の免疫反応が、外部から入ってきた特定の抗原に対し、過剰に起こることを言います。**アレルギー疾患を抱える柴犬は多く、中でもアレルギー性皮膚炎はとてもよく見られる症状のひとつと言えます。**

アレルギー性皮膚炎にもいくつか種類があり、アトピー性皮膚炎、食べものによる食餌性アレルギー、ノミが体に寄生して起こるノミアレルギー、シャンプーやカーペット、合成樹脂製の食器など、生活環境中のあらゆる物質がアレルゲンとなる、アレルギー性接触皮膚炎などがあります。

中でも最も治りにくいと言われているのがアトピー性皮膚炎です。3〜4才と比較的若い頃に発

アレルギーの種類いろいろ

アトピー性皮膚炎

アトピー性皮膚炎の「アトピー」とは、アレルギー抗体を作りやすい体質のこと。柴犬は遺伝的にアトピー体質を持つ犬が多いと言われ、合併症としては膿皮症、結膜炎、外耳炎などがあります。

食べ物によるアレルギー

ドッグフードにはさまざまな原料が使われているので、どの食材が愛犬に合わないかを知っておくことは大切。よその犬には合うフードでも、体質的に愛犬には合わないこともありますのでご注意を。

ノミアレルギー

体に寄生したノミが血を吸う時に体内に唾液を残したり、ノミの排泄物などが原因で皮膚炎を起こします。動物病院で処方される駆除薬を定期的に投薬することで、ノミの寄生を防ぐことができます。

症することがほとんどですが、アトピーの素因を持っていても症状が軽かったり、出ない犬もいて中年期以降に悪化することもあります。激しいかゆみが原因でかいたり舐めたりするので、皮膚が赤くなる、腫れる、色素が沈着する、脱毛する、皮膚が硬くなる、などの症状が見られます。

今は症状が出ていないけれど、アレルギーの素因を体の中に持っていて、将来アレルギー反応が出るケースもよくあるものです。この素因をあらかじめ知っておくために、アレルギーテストを受けておくのも手です。

いずれにせよ、犬が普段いる生活スペースは、こまめに掃除をして清潔に保ちましょう。

47

犬なんで、

ガマンしすぎちゃうこともあるんです

飼い主さんが買い物から帰るまでずっと玄関先で待っていたり、いつものゴハンや散歩の時間が過ぎても、要求吠えせずその時を待っている。こんな健気な姿に柴ファンは心をつかまれますよね。

しかし、時として困ったガマン強さもあります。特に外でしか排泄をしない犬が、下痢になった場合はかなり無理をしてしまうのです。真夜中に突然愛犬がキューキュー鳴き始めたり、壁や戸をカリカリ足で引っ掻いたら、下痢でトイレに行きたいサインかもしれません。「きれいに後始末するから、ガマンしないでどこでも排泄していいんだよ」と言い聞かせても、犬にはわかりません。外に出してもらう限界までガマンしたり、家具やカーテンの後ろなどに排泄をしてしまった後に、しょんぼりうなだれて元気がなくなる犬も多いもの。外でしか排泄しない犬が懸命に考えた末、室内の植木鉢の土の上に排泄をしていたという例もあります。万が一の時でも愛犬が室内で排泄できる場所を確保しておくといいでしょう。

また、赤ちゃんが産まれたり、同居動物が加わって、家族の話題の中心が自分以外に注がれていることを敏感に察し「最近おとなしいな」と思ったらストレスを抱えて体調を崩していた、というデリケートな柴もいます。柴犬のガマン強さ、侮るなかれ。

ガマンは体に
よくないわよー

48

犬なんで、

歯のトラブルには注意して欲しいです

成犬の歯は42本あり、犬歯4本、切歯12本、前臼歯16本、後臼歯10本で構成されています。物を噛み切るのは主に上顎の臼歯と下顎の臼歯ですが、犬の場合はここが最も歯周病になりやすい部分。現代は食生活をはじめ、室内で暮らす柴犬が、石や木など硬い物をあまりかじらなくなったことも影響してか、3歳以上の犬の8割が歯周病にかかっていると言われています。

愛犬の口臭がきつくなった、口を気にして足でかいている、歯茎から血が出ているなどの異変を見つけたら、口腔内疾患の可能性が高いので、すぐに動物病院で治療をしてもらいましょう。

歯周病は悪化すると歯が抜けるだけではなく、内臓疾患を引き起こして犬の寿命を縮めてしまうこともあります。また、たまった歯石を除去する場合は、全身麻酔をかけることになるので、シニア犬や持病がある犬には特に体に負担がかかってしまうのも心配です。

日頃から歯磨きの習慣をつけておいたり、歯磨きがどうしてもできない場合は、デンタルグッズを上手に利用して、愛犬の歯の健康を守りましょう。

歯が折れたり、磨耗することも！

硬すぎるオモチャをかんで歯が欠けたり、折れたり、テニスボールやタオルなどを1日に何時間もかむことを習慣づけてしまうと、歯がすり減ることがあります。気をつけたいのが歯の神経が露出して赤く見える「露髄」という状態。そこから細菌が入って炎症を起こすこともあります。状態が悪い場合は抜歯をすることもありますので注意しましょう。

デンタルロープ

かんだり引っ張りっこをして遊べるロープのオモチャは、柴犬も大好きです。かんだ時にロープの境目に歯が入り込むので、かむたびに食べかすなどを取ることができます。こまめに洗って清潔を保ちましょう。

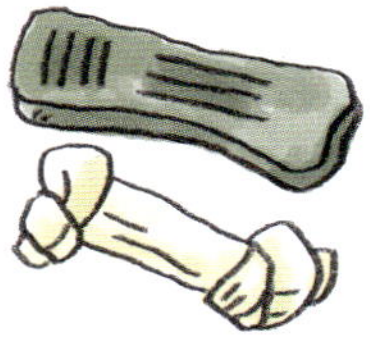

歯磨きガム

牛皮やアキレス、穀物が主原料のもの、穀物フリーの物など種類もいろいろ。丸呑みや誤飲をしない大きさの物を選びましょう。また、アレルギー反応が出る原材料が使われていないか、事前に必ず確認を。

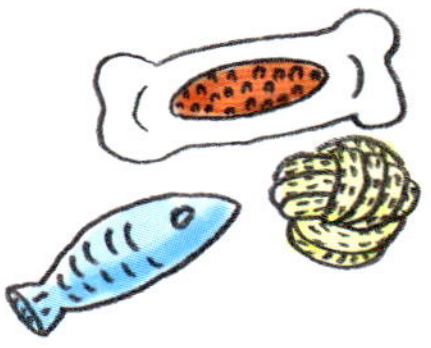

デンタルオモチャ

子犬期にかみすぎると歯並びに影響する可能性があるので、使用は成犬になってからがオススメ。犬が好む匂いがついたプラスチック素材や、木、布製などがあります。子犬のうちは布製で遊ばせてあげましょう。

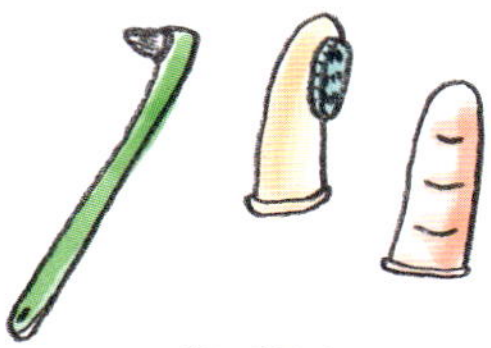

歯ブラシ

指にガーゼを巻きつけて磨くタイプ、指に歯磨きサックをはめて使う物、犬用の歯ブラシなど、タイプもいろいろ。愛犬がイヤがらず、飼い主さんも歯磨きをしやすい物を選んで使いましょう。

49

犬なんで、

災害時に備えて、飼い主にやっておいて欲しいことがあります

犬用避難グッズを確認しておこう

フードや水、オヤツ

水とフードは5日分用意。フードは小分けの物がオススメ。長い時間楽しめるオヤツも用意。

ネームプレート

ネームプレートに書かれた文字や電話番号が薄かったり消えていないか確認しておきましょう。

クレート

避難所に入る際に必要になるのがクレート。普段からイヤがらずに入って待てるよう練習を。

好みのオモチャ

避難先で犬が退屈しないように、種類の違うオモチャを用意しておくのもオススメ。

予備のリードや首輪

劣化や破損がないか、今使っている物をチェックしつつ、予備の首輪とリードも用意。

トイレグッズ一式

折りたたみ式のトイレトレー、トイレシーツ、ウンチを入れる袋の準備も万全に。

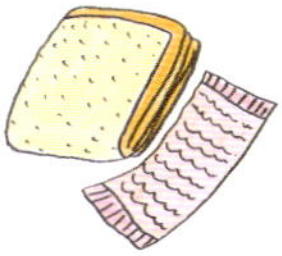

使い慣れたタオルや毛布

自分や飼い主さんの匂いがついた布をクレートに入れておくと安心して眠れるのでぜひ。

お手入れグッズ

ブラシ、ウェットティッシュ、水がいらないシャンプーなどもそろえておくと便利です。

災害発生の予測は難しいもの。しかし、万が一の災害時の対策として、**被害を出さないようにする「防災」、被害を最小限にする「減災」について家族で話し合っておくことはとても大切です。**愛犬を連れての避難方法、避難場所、避難経路は日頃から絶対に確認しておきましょう。

また、災害は飼い主さんが自宅にいる時に発生するとは限りません。外出先で災害に見舞われた場合、交通事情などで帰宅することが困難なことも予想されます。そのような状況も考え、家族はもちろん、散歩仲間や犬も顔見知りで近所の信頼できる人に、災害時の犬のお世話について相談しておくのもいいでしょう。

さらには家具が倒れたり、割れたガラスで犬がケガをしないように、耐震対策を考えておくことも必要です。外飼いの犬の場合は、ブロック塀などが崩れて、犬の居場所が危険にさらされないかも考慮しなくてはなりません。

防災用品については右ページで紹介しましたが、災害時に救援物資がすぐに届かないことも想定して準備しておくと賢明です。持病があって投薬していたり、療法食を食べているなら、災害時は手に入りづらくなるので、かかりつけの獣医師と相談しておきましょう。

避難所で愛犬が他の人に迷惑をかけないようにするための対策も、どうか忘れずに！

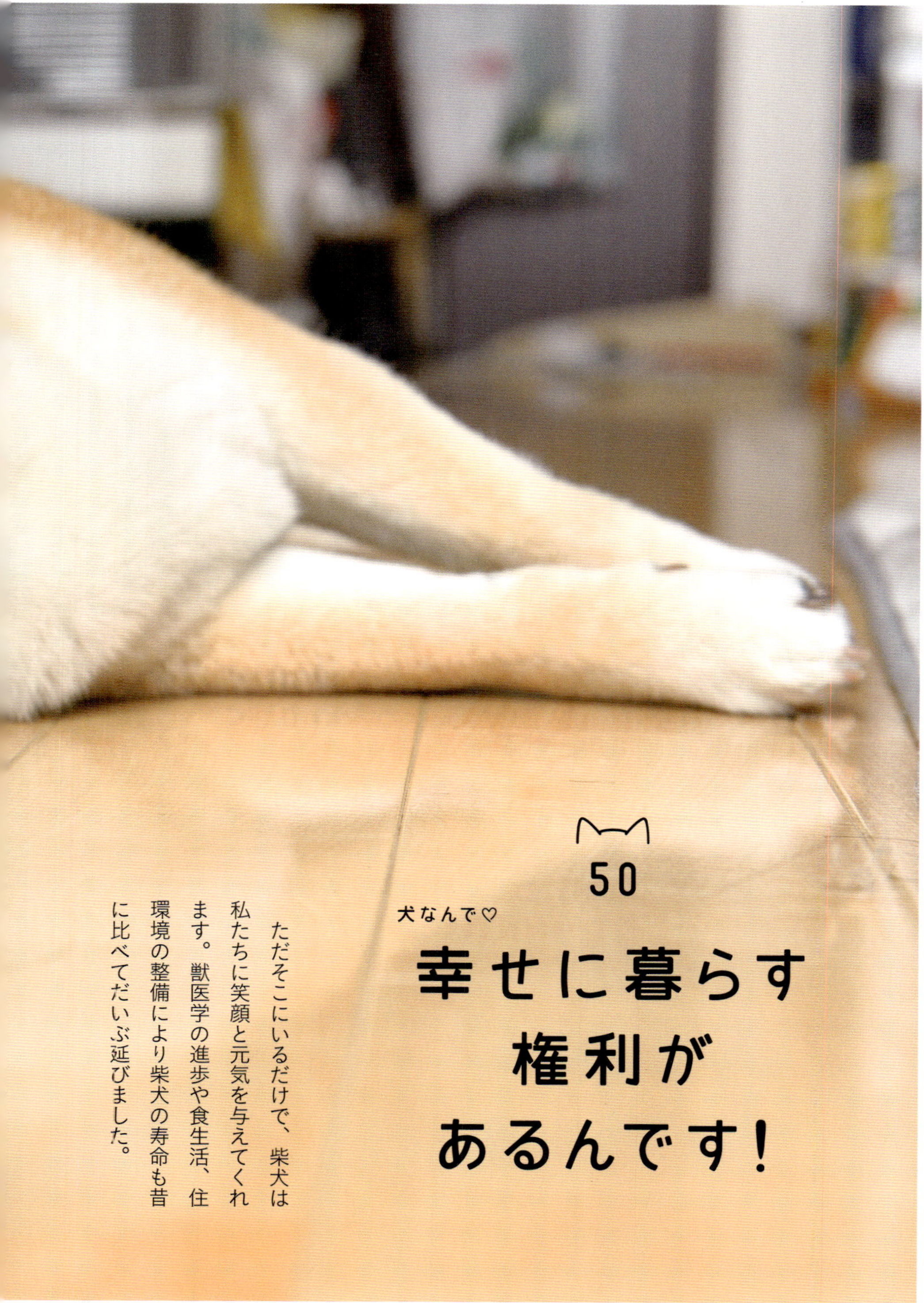

50

犬なんで♡

幸せに暮らす権利があるんです!

ただそこにいるだけで、柴犬は私たちに笑顔と元気を与えてくれます。獣医学の進歩や食生活、住環境の整備により柴犬の寿命も昔に比べてだいぶ延びました。

しかし、犬の一生のうちには、病気やケガに苦しむ時があるかもしれません。そんな時に必要になるのは、飼い主さんの冷静な判断、迅速な行動力です。

また、体調が悪い時には予想外の治療費がかかります。犬に痛くて苦しい思いをさせず、飼い主さんも後悔をしない治療を愛犬に受けさせるためには、ある程度のお金も蓄えておくことが大切です。

犬の一生は必ず飼い主さんがお世話をすることが大前提。各家庭によって暮らし方はさまざまですが、愛犬のことを誰よりもわかっているのは飼い主さんです。信頼できるかかりつけの獣医師と相談しながら、世界一幸福な柴犬に育ててあげてくださいね。

[編集]
Shi-Ba【シーバ】編集部・編

写真 — ハナちゃんママ、奥山美奈子
デザイン — 八木孝枝
イラスト — えのきのこ
企画 — 岡田好美
進行・編集・文 — 楠本麻里
参考図書 — Shi-Ba【シーバ】
（奇数月29日発売　小社刊）

犬なんで。
柴犬ハナちゃんがつぶやく
人が学ぶべき現代犬の心理

2018年7月20日　初版第一刷発行

編　者　Shi-Ba【シーバ】編集部
編集人　井上祐彦
発行人　廣瀬和二
発行所　辰巳出版株式会社
〒160-0022　東京都新宿区
新宿2丁目15番14号　辰巳ビル
TEL　03-5360-8064（販売部）
TEL　03-3352-8944（編集部）
振替　00140-5-71584
URL　http://www.TG-NET.co.jp
印　刷　図書印刷株式会社
製　本　株式会社セイコーバインダリー

読者のみなさまへ
本書の内容に関するお問い合わせは、お手紙かメール（info@TG-NET.co.jp）にて承ります。恐縮ですが、電話でのお問い合わせはご遠慮ください。

ISBN 978-4-7778-2130-3　C0077